ARCHITECTURAL RENDERING BIBLE

建筑表现牛皮书 II

文化&办公

Culture & Office

ARCHITECTURE

凤凰空间·上海 编

江苏人民出版社

CONTENTS

THEATRES & STADIUMS

文体场馆

1. 韩国音乐厅
设计单位：德包豪斯建筑规划设计（杭州）有限公司
绘图单位：杭州博凡数码影像设计有限公司

2. 韩国音乐厅
设计单位：思邦建筑设计咨询（上海）有限公司
绘图单位：杭州博凡数码影像设计有限公司

1

1

2

潼梁大剧院

绘图单位：重庆海侨文化传媒有限公司

千頃蒹葭十裡洲
溪居宜月更宜秋
鷗鳧棲水高僧舍
鵪鳩巢雲名士樓
蒼葡葉分飛鷺羽
荻蘆花散釣魚舟
黃橙紅柿紫菱角
不羨人間萬户侯
铜梁影剧院

四川省自贡大剧院
设计单位：重庆大学建筑设计研究院 / 魏宏杨
绘图单位：重庆巽震数码影像设计有限公司

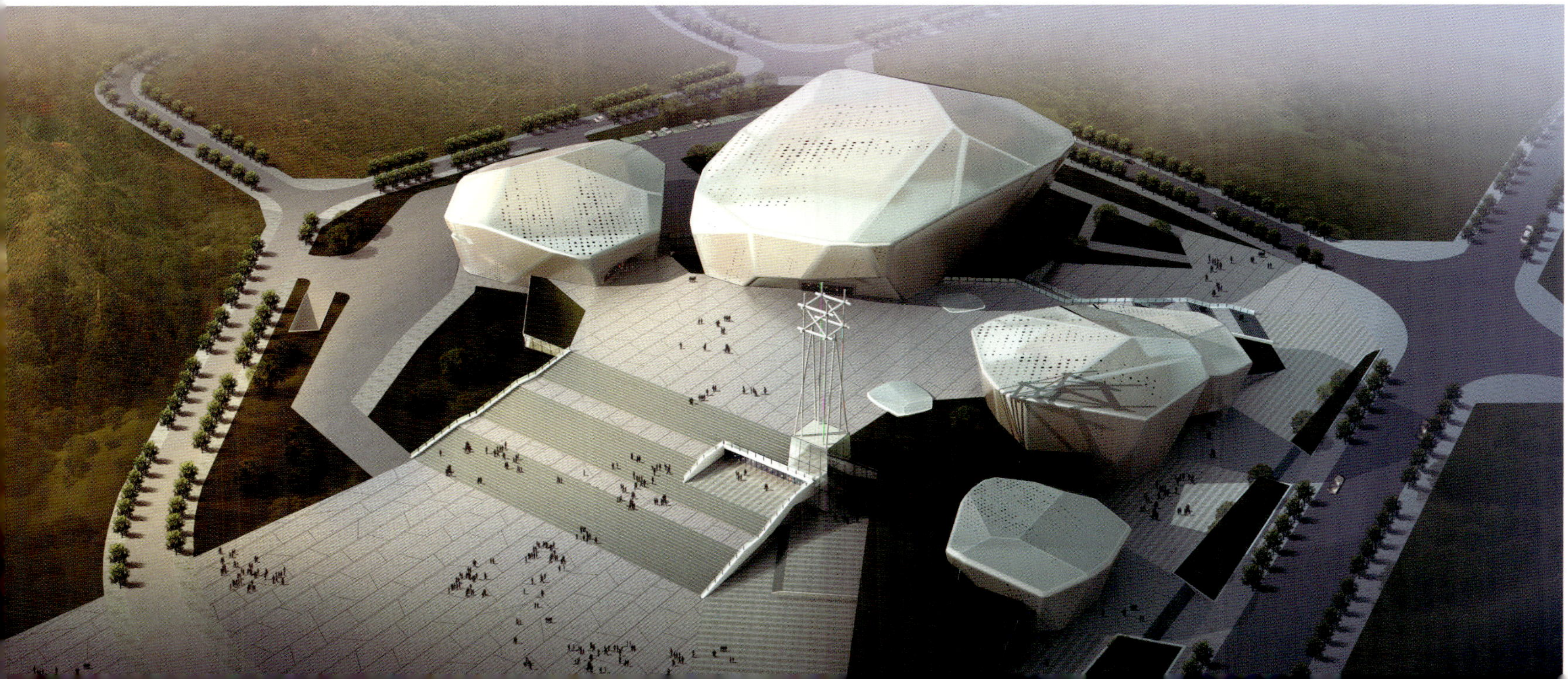

剧院
设计单位：现代院 / 胡士勇
绘图单位：上海赫智建筑设计有限公司

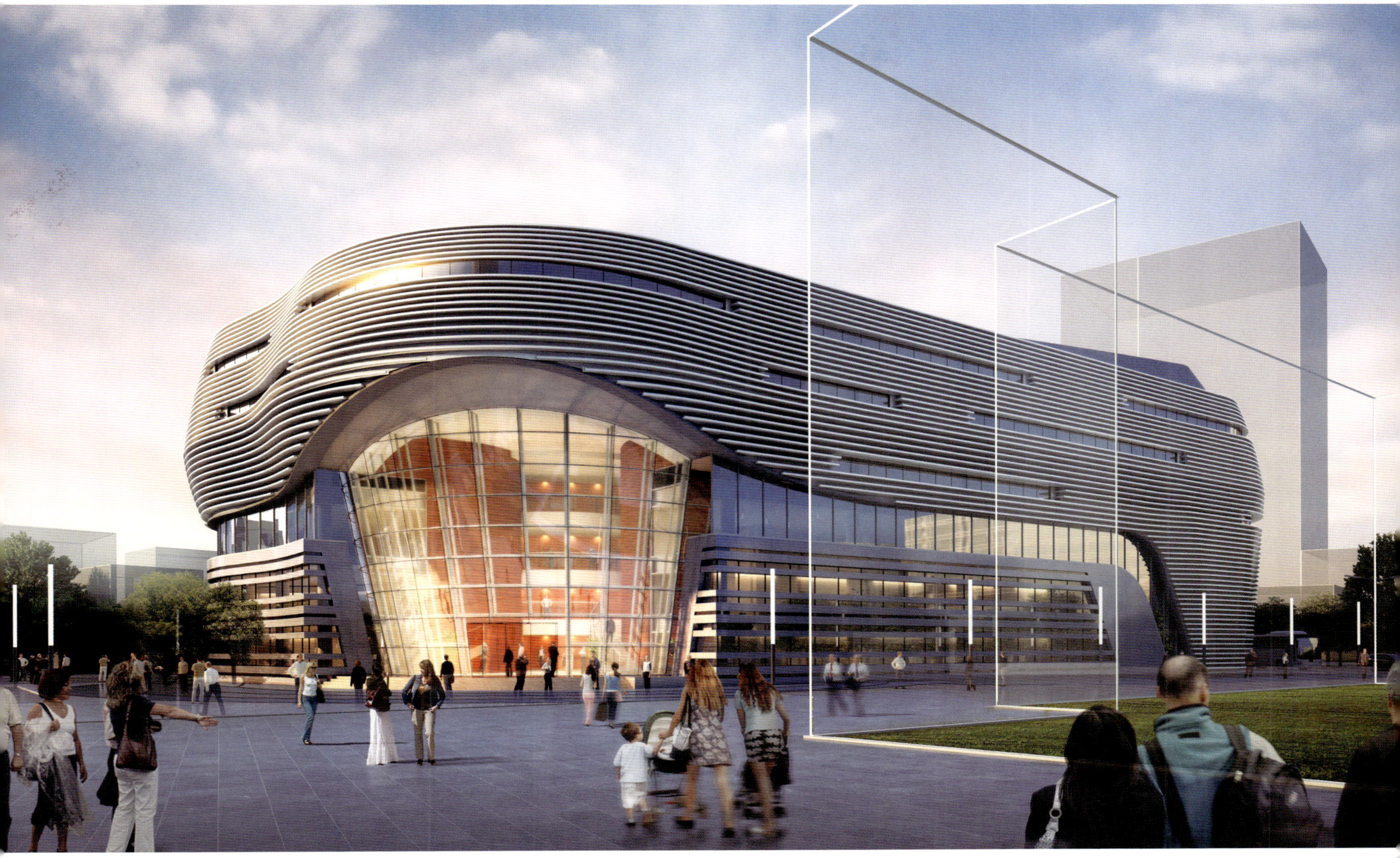

青少年宫
设计单位：东南大学建筑设计研究院深圳分院
绘图单位：深圳市宜百利艺术设计有限公司

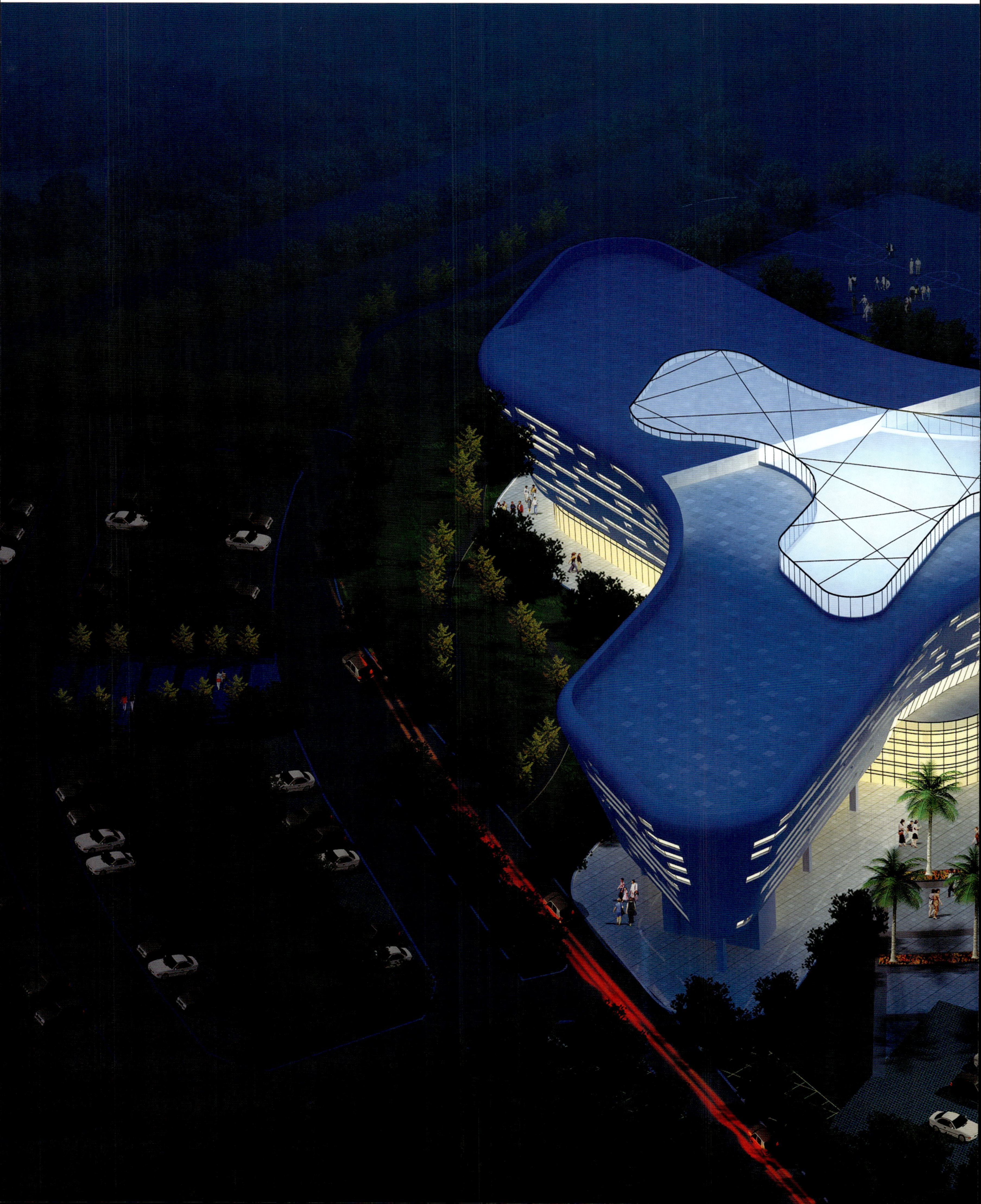

1. 青少年宫
设计单位：东南大学建筑设计研究院深圳分院
绘图单位：深圳市宜百利艺术设计有限公司

2. 宁波项目
设计单位：城建总院
绘图单位：丝路数码技术有限公司

3. 义乌文化中心
设计单位：杭州思图意象建筑有限公司
绘图单位：杭州天朗数码影像设计有限公司

1

2

4. 青少年文化宫
绘图单位：上海瑞丝数字科技有限公司

3

4

1. 青少年宫
设计单位：上海现代都市院
绘图单位：上海瑞丝数字科技有限公司

2. 青少年宫
绘图单位：上海瑞丝数字科技有限公司

2

1. 静安文化中心
绘图单位：上海鼎盛建筑设计有限公司

2. 青少年宫中心
绘图单位：广州市千水数码技术有限公司

1

2

海南国际生态文化体育城
设计单位：上海联创建筑设计有限公司
绘图单位：丝路数码技术有限公司

1. 文化馆
设计单位：JA 城市规划与景观设计有限公司
绘图单位：杭州天朗数码影像设计有限公司

2. 海尔地产宣传中心
设计单位：天津华汇工程建筑设计有限公司
绘图单位：天津景天汇影数字科技有限公司

3. 辽宁演艺中心
绘图单位：沈阳水晶立方设计有限公司

1

2

4. 北戴河某项目

设计单位：上海创昊艺术设计有限公司

绘图单位：上海创昊艺术设计有限公司

3

4

4

和田文化中心

设计单位：中联环设计

绘图单位：北京图道影视多媒体技术有限责任公司

跳水馆
设计单位：广东省建筑设计研究院
绘图单位：广州千筑数码科技有限公司

1. 跳水馆
设计单位：广东省建筑设计研究院
绘图单位：广州千筑数码科技有限公司

2. 泰州体育公园
设计单位：泛太平洋设计与发展有限公司
绘图单位：上海艺筑图文设计有限公司

1

1

3. 亚运会主体馆
设计单位：广东省建筑设计研究院
绘图单位：广州千筑数码科技有限公司

2

3

亚运会主体馆
设计单位：广东省建筑设计研究院
绘图单位：广州千筑数码科技有限公司

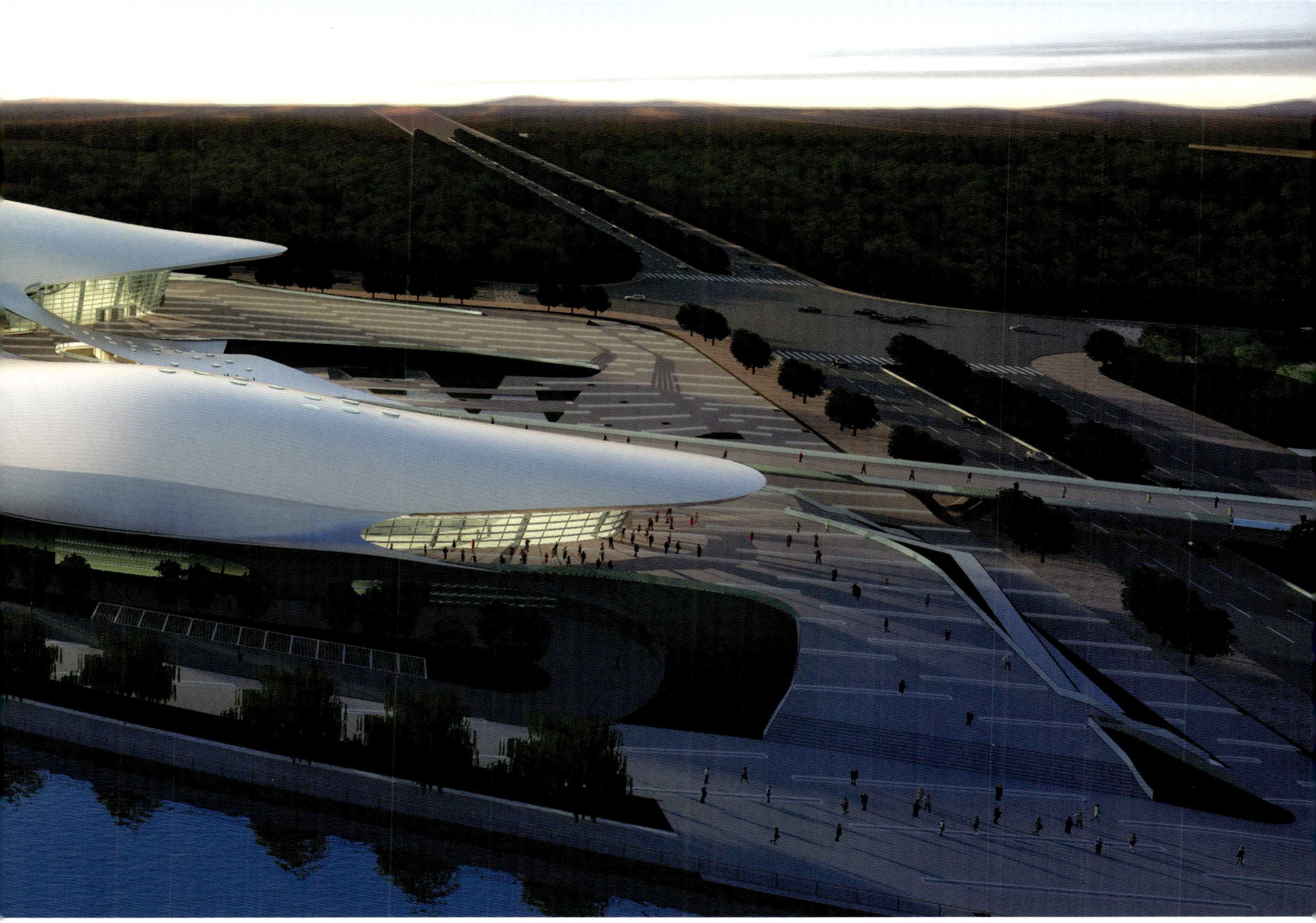

1. 某体育馆
设计单位：中机国际工程设计研究院有限责任公司
绘图单位：长沙原野之星图像设计工作室

2. 沈阳大学体育馆
绘图单位：北京图道影视多媒体技术有限责任公司

3. 2010 亚运自行车馆
设计单位：广东省建筑设计研究院
绘图单位：广州千筑数码科技有限公司

1

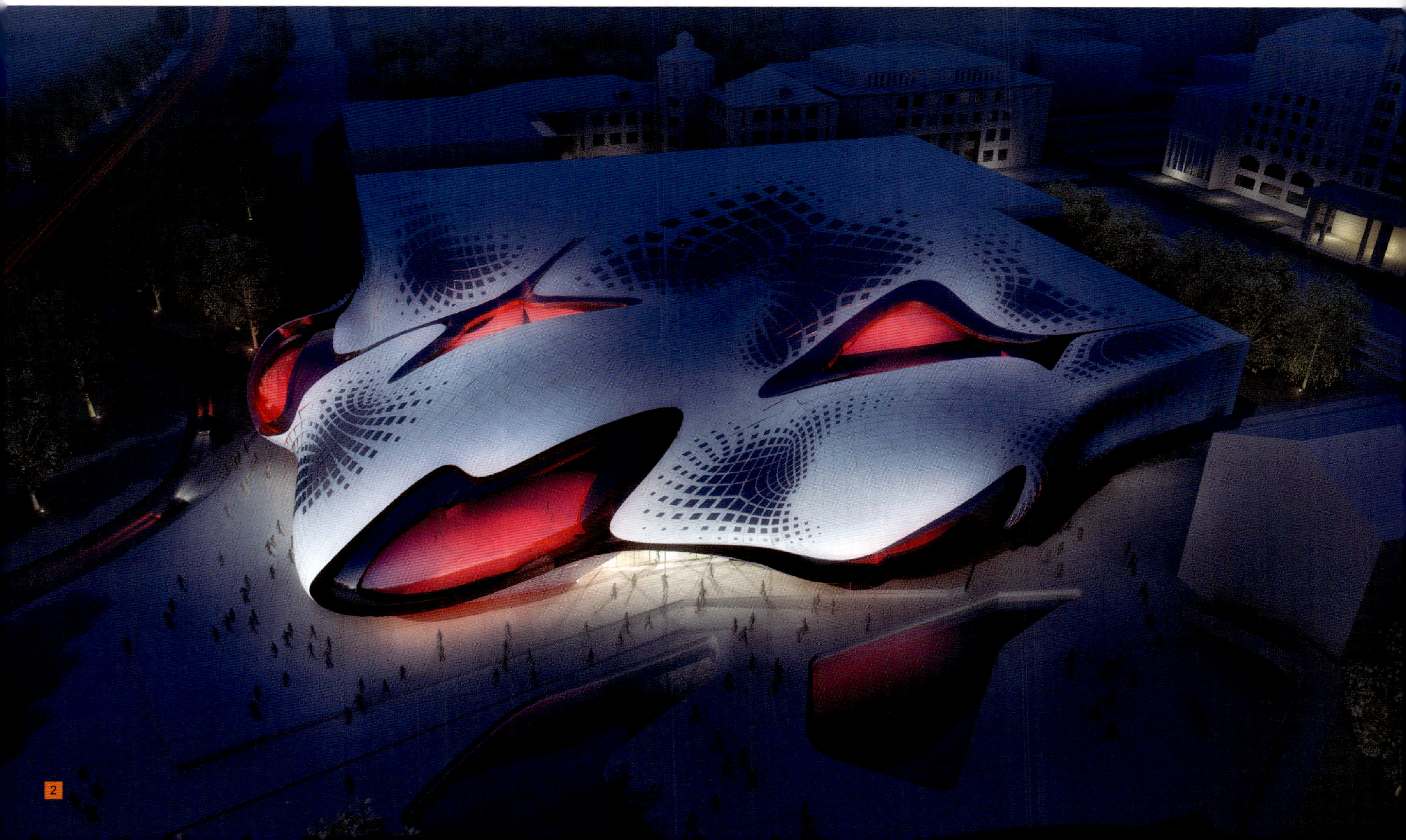
2

4. 漳洲体育馆
设计单位：哈尔滨工业大学建筑设计研究院
绘图单位：日盛设计

1. 体育馆
绘图单位：沈阳水晶立方设计有限公司

2. 湖南新化体育新城概念规划
设计单位：深圳市鑫中建建筑设计有限公司
绘图单位：深圳市长空永恒数字科技有限公司

1. 2010 亚运会花都体育馆
设计单位：广东省建筑设计研究院
绘图单位：广州千筑数码科技有限公司

2. 某场馆
绘图单位：全景（福建）计算机图形有限公司

1. 体育中心
绘图单位：广州市千水数码技术有限公司

2. 爱因斯坦体育馆
设计单位：哈尔滨工业大学建筑设计研究院
绘图单位：日盛设计

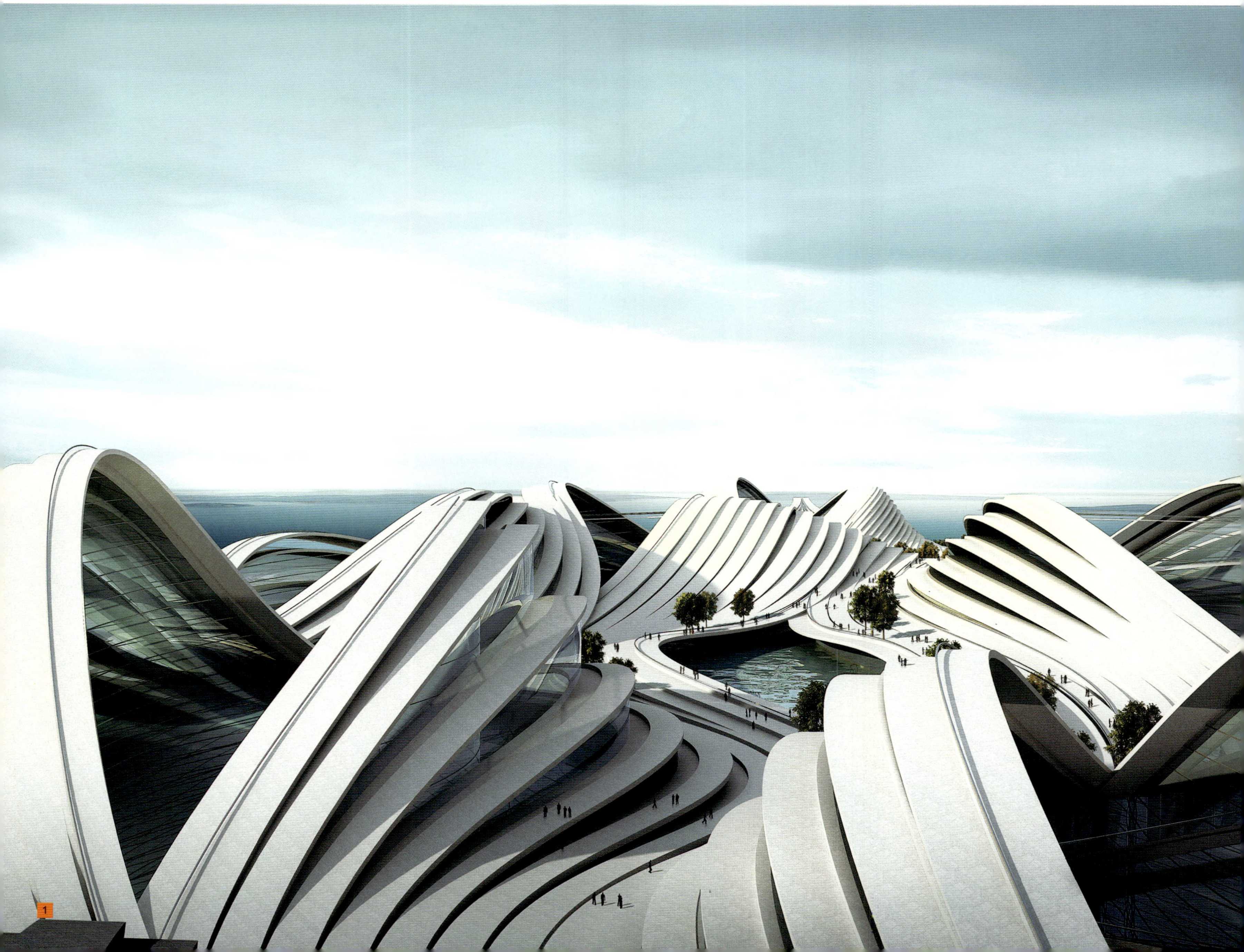

1

2

1. 松山湖活力广场
设计单位：东南大学建筑设计研究院深圳分院
绘图单位：深圳市宜百利艺术设计有限公司

2. 武术馆
设计单位：天津市亚库建源建筑规划设计有限公司
绘图单位：天津瀚梵文化传播有限公司

1

1

1

2

1. 贵州项目
设计单位：同济设计院
绘图单位：上海艺筑图文设计有限公司

2. 天津西青图书馆
设计单位：天津市建筑设计院
绘图单位：天津天砚建筑设计咨询有限公司

1

2

3. 南京林业大学图书馆
设计单位：南京大学建筑规划设计研究院
绘图单位：丝路数码技术有限公司

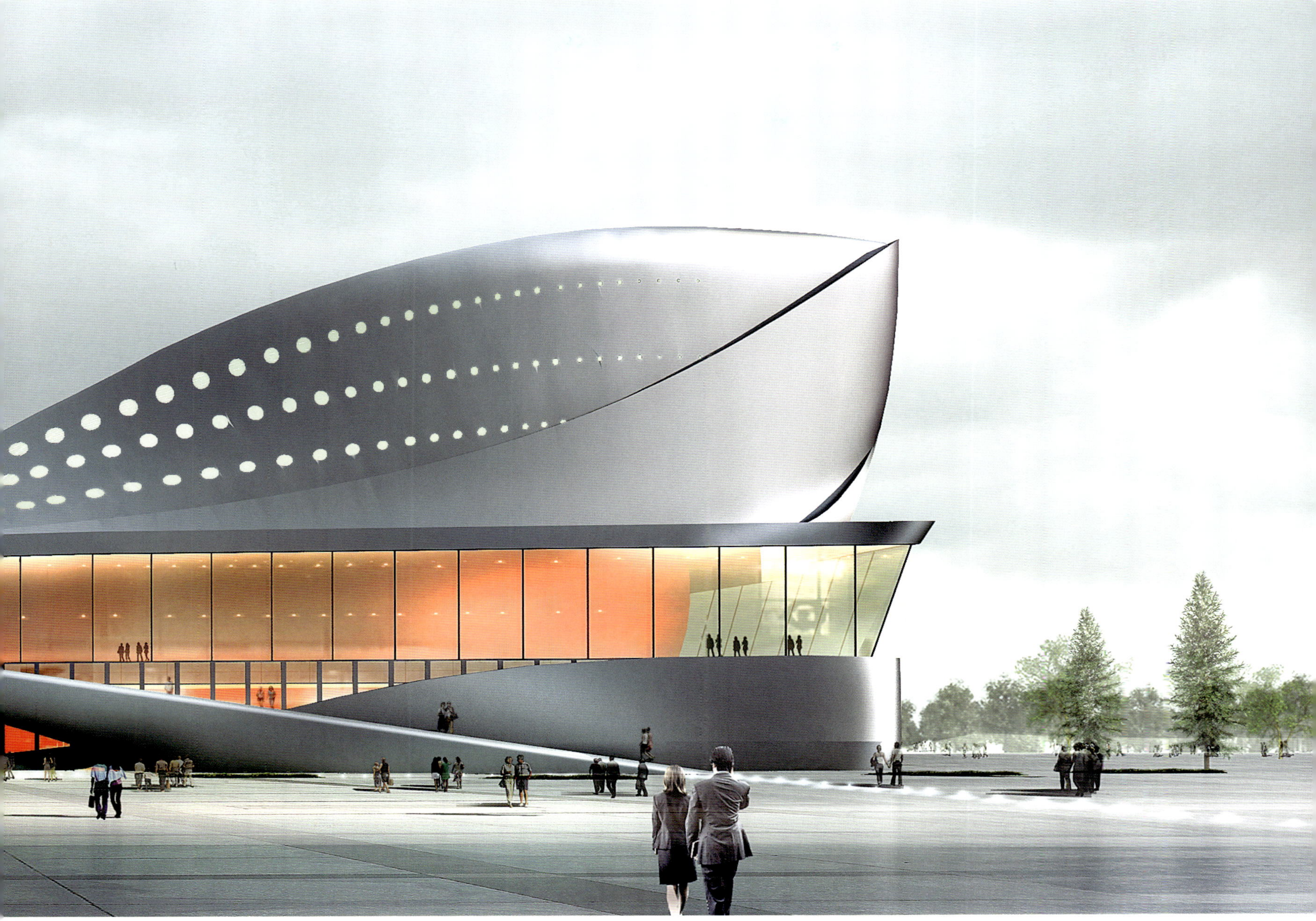

南宁图书馆
设计单位：中国建筑科学院深圳分院
绘图单位：深圳市原创力数码影像设计有限公司

南宁图书馆
设计单位：中国建筑科学院深圳分院
绘图单位：深圳市原创力数码影像设计有限公司

某遗址博物馆
设计单位：吉好地咨询（北京）有限公司长沙分公司
绘图单位：长沙一川数字科技有限公司

某遗址博物馆
设计单位：吉好地咨询（北京）有限公司长沙分公司
绘图单位：长沙一川数字科技有限公司

1. 某工艺博物馆
设计单位：吉好地咨询（北京）有限公司长沙分公司
绘图单位：长沙一川数字科技有限公司

2. 博物馆
设计单位：上海瑞丝数字科技有限公司
绘图单位：上海瑞丝数字科技有限公司

1

1

2

2

1. 城头山博物馆
设计单位：中机国际工程设计研究院有限责任公司
绘图单位：长沙原野之星图像设计工作室

2. 某博物馆
设计单位：上海方度国际建筑事务所
绘图单位：上海桥智建筑设计有限公司

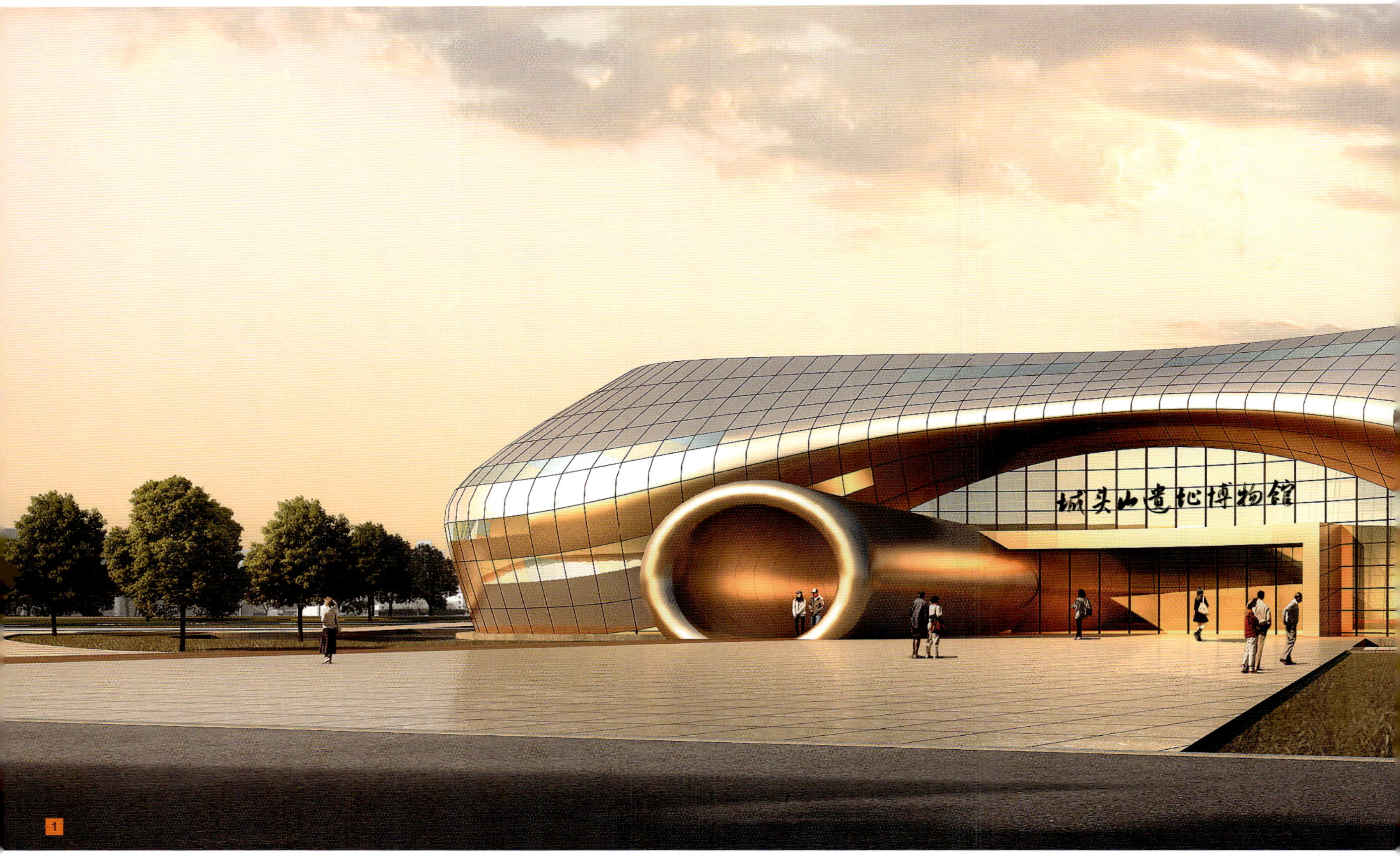

1

2

酒博馆

设计单位：北京森磊源建筑规划设计有限公司杭州分公司

绘图单位：杭州天朗数码影像设计有限公司

1. 古木博物馆
设计单位：汉嘉设计集团股份有限公司
绘图单位：杭州博凡数码影像设计有限公司

2. 日上集团文化博物馆
设计单位：北京 SYN 建筑社稷
绘图单位：映像社稷（北京）数字科技有限公司

3. 春秋齐国博物馆
设计单位：天津华汇工程建筑设计有限公司
绘图单位：天津景天汇影数字科技有限公司

1

2

4. 安徽铜陵博物馆

设计单位：德国 BHP 建筑事务所

绘图单位：上海写意数字图像有限公司

3

3

4

东湖海洋世界扩建

绘图单位：武汉擎天建筑设计咨询有限公司

世博博物馆

设计单位：华都

绘图单位：丝路数码技术有限公司

临湘档案馆

绘图单位：东莞市莞城天海图文设计工作室

常熟档案馆

绘图单位：上海曼延数字科技有限公司

EXHIBITION

HALL

会展展览

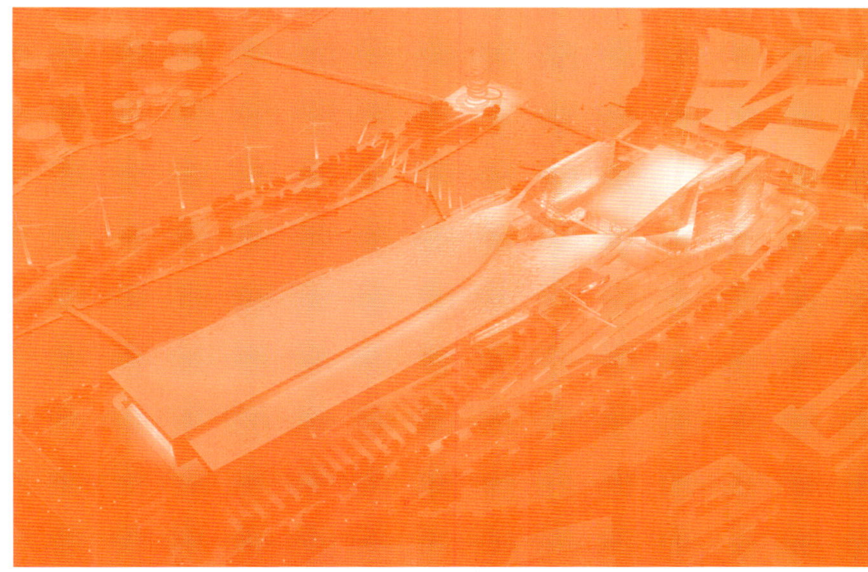

某会展中心
设计单位：吉好地咨询（北京）有限公司长沙分公司
绘图单位：长沙一川数字科技有限公司

某会展中心
设计单位：吉好地咨询（北京）有限公司长沙分公司
绘图单位：长沙一川数字科技有限公司

新疆农业博览中心
设计单位：同济设计院
绘图单位：上海艺筑图文设计有限公司

内蒙古鄂尔多斯展览馆
设计单位：现代院 / 何学山
绘图单位：上海赫智建筑设计有限公司

1. 合肥规划展馆
设计单位：天津大学
绘图单位：天津天唐筑景建筑设计咨询有限公司

2. 建筑比赛方案
设计单位：台湾某设计事务所
绘图单位：西安鼎凡数字科技有限公司

1

1

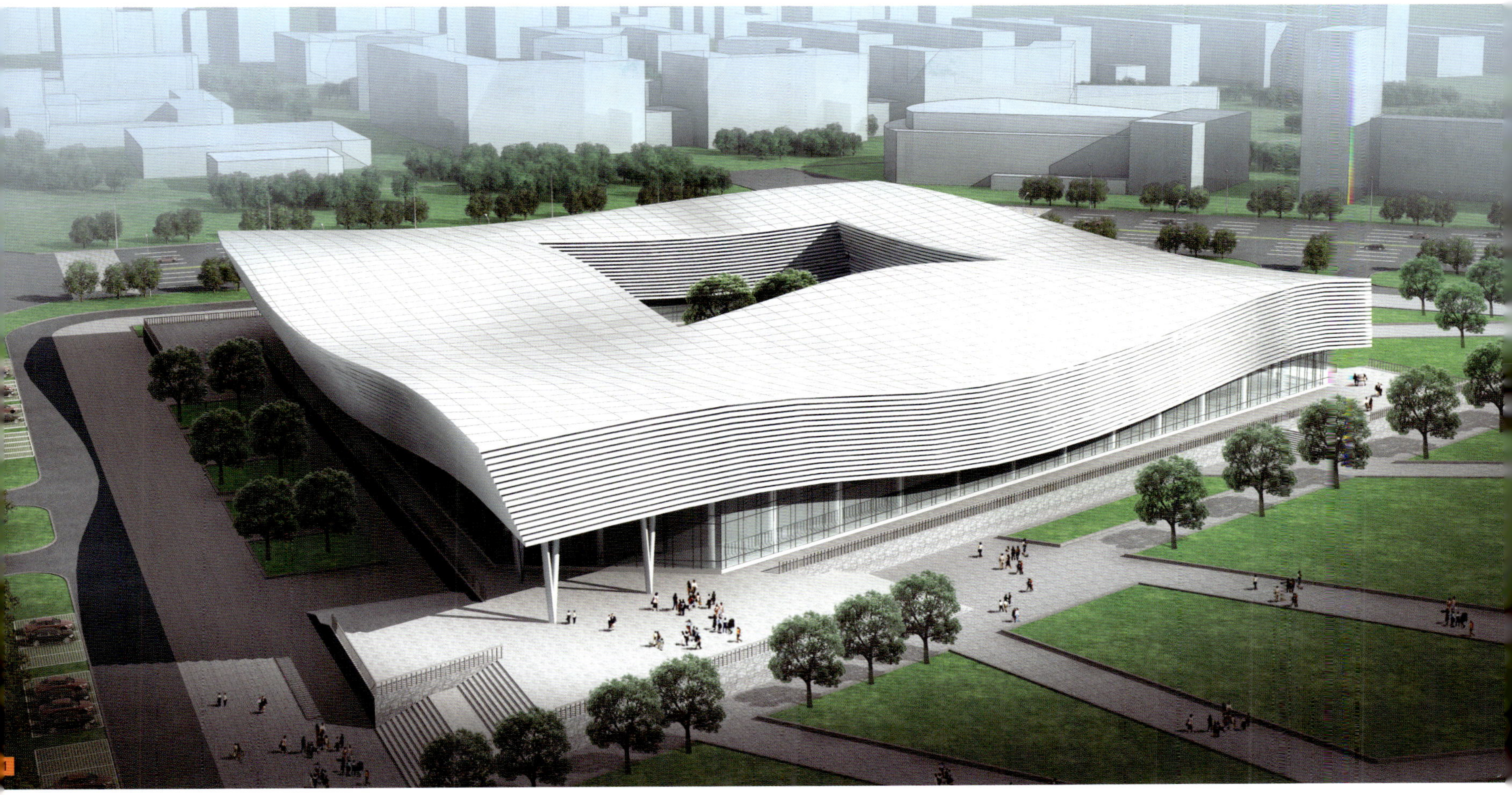

1

1

2

建筑比赛方案
设计单位：台湾某设计事务所
绘图单位：西安鼎凡数字科技有限公司

1. 唐山项目
设计单位：上海无样建筑设计咨询有限公司
绘图单位：上海鼎盛建筑设计有限公司

2. 远洋展览馆
设计单位：北京华汇工程建筑设计有限公司
绘图单位：天津景天汇影数字科技有限公司

3. 城市展览馆
绘图单位：北京未来空间建筑设计咨询有限公司

1

1

4. 某规划

设计单位：中航规划建设长沙设计研究院有限公司

绘图单位：长沙原野之星图像设计工作室

3

4

1. 展览中心
设计单位：天大规划设计院
绘图单位：天津景天汇影数字科技有限公司

2. 中国少年儿童博览园设计方案
设计师：孙永宏
绘图单位：上海写意数字图像有限公司

3. 大连项目
设计单位：香港华艺建筑设计
绘图单位：深圳市水木数码影像科技有限公司

1

2

4. 绍兴项目

设计单位：万品建筑设计（上海）有限公司
绘图单位：上海鼎盛建筑设计有限公司

辽宁省医药会展中心

绘图单位：沈阳中建凡艺建筑设计有限公司

1. 某项目
绘图单位：南京碧天建筑景观设计有限责任公司

2. 德国奔驰场馆
设计单位：德国沃尔夫伙伴建筑联盟
绘图单位：天津天唐筑景建筑设计咨询有限公司

3. 巴州科技中心
绘图单位：北京未来空间建筑设计咨询有限公司

1

2

2

4. 吴江

设计单位：上海中房建筑设计有限公司

绘图单位：上海鼎盛建筑设计有限公司

3

4

1. 规划展馆
设计单位：哈尔滨工业大学城市规划设计研究院
绘图单位：上海瑞丝数字科技有限公司

2. 展示馆
设计单位：上海构想
绘图单位：南昌艺构装饰设计有限公司

3. 会议中心
绘图单位：沈阳水晶立方设计有限公司

4. 鹰潭城市馆

设计单位：东南大学建筑设计研究院深圳分院
绘图单位：深圳市宜百利艺术设计有限公司

1. 嘉善展览馆设计方案
设计单位：筑道建筑设计有限公司
绘图单位：上海写意数字图像有限公司

2. 迪斯尼会议中心
设计单位：上海 PRC 建筑咨询有限公司
绘图单位：上海瑞丝数字科技有限公司

1

2

SCHOOL

学校

1. 上海交通大学图书馆
设计单位：交大安地
绘图单位：上海赫智建筑设计有限公司

2. 云南国土资源学院
设计单位：重庆中图设计有限公司 / 江树
绘图单位：重庆巽震数码影像设计有限公司

1

1

1

2

河南城建学院大学生活动中心方案

设计单位：河南省城镇综合设计研究院 / 马红奎

绘图单位：深圳市长空永恒数字科技有限公司

某小学改造方案

设计单位：无锡城归设计有限责任公司

绘图单位：无锡市子矛图文设计工作室

1. 江宁大学城规划
设计单位：东南大学建筑设计研究院深圳分院
绘图单位：深圳市宜百利艺术设计有限公司

2. 复旦大学
设计单位：EMBT
绘图单位：上海瑞丝数字科技有限公司

1

1

3. 鑫园中学

设计单位：上海米丈建筑设计有限公司

绘图单位：杭州博凡数码影像设计有限公司

1. 常德学校
设计单位：中机国际工程设计研究院有限责任公司
绘图单位：长沙原野之星图像设计工作室

2. 大庆 23 中
设计单位：哈尔滨工业大学建筑设计研究院
绘图单位：日盛设计

3. 教学楼
设计单位：哈尔滨工业大学建筑设计研究院
绘图单位：日盛设计

1

2

4. 紫薇高中

设计单位：浙江通和建筑设计有限公司

绘图单位：杭州博凡数码影像设计有限公司

3

4

1. 复旦中学新校区
设计单位：现代都市建筑设计院
绘图单位：上海曼延数字科技有限公司

2. 启明中学
绘图单位：上海曼延数字科技有限公司

1

1

2

2

2

1. 某幼儿园
绘图单位：北京未来空间建筑设计咨询有限公司

2. 某项目
绘图单位：北京未来空间建筑设计咨询有限公司

1

1

2

1. 某幼儿园
绘图单位：北京未来空间建筑设计咨询有限公司

2. 抚州幼儿园
设计单位：上海构想
绘图单位：南昌艺构装饰设计有限公司

1

1

1. 宜宾某住宅小区规划
设计单位：南京市建筑设计研究院
绘图单位：西安鼎凡数字科技有限公司

2. 柘皋镇幼儿园
设计单位：中联程泰宁建筑设计研究院
绘图单位：上海艺筑图文设计有限公司

3. 学校
设计师：何永康
绘图单位：上海赫智建筑设计有限公司

1

2

4. 银河星城小区

设计单位：孝感嘉和建筑设计公司

绘图单位：武汉四维水晶石数码科技有限公司

1. 学校
设计师：何永康
绘图单位：上海赫智建筑设计有限公司

2. 阜阳技师学院
设计单位：同济设计院
绘图单位：上海艺筑图文设计有限公司

3. 一汽高专
设计单位：上海法奥建筑设计有限公司
绘图单位：上海鼎盛建筑设计有限公司

1

1

2

3

阜阳技师学院
设计单位：同济设计院
绘图单位：上海艺筑图文设计有限公司

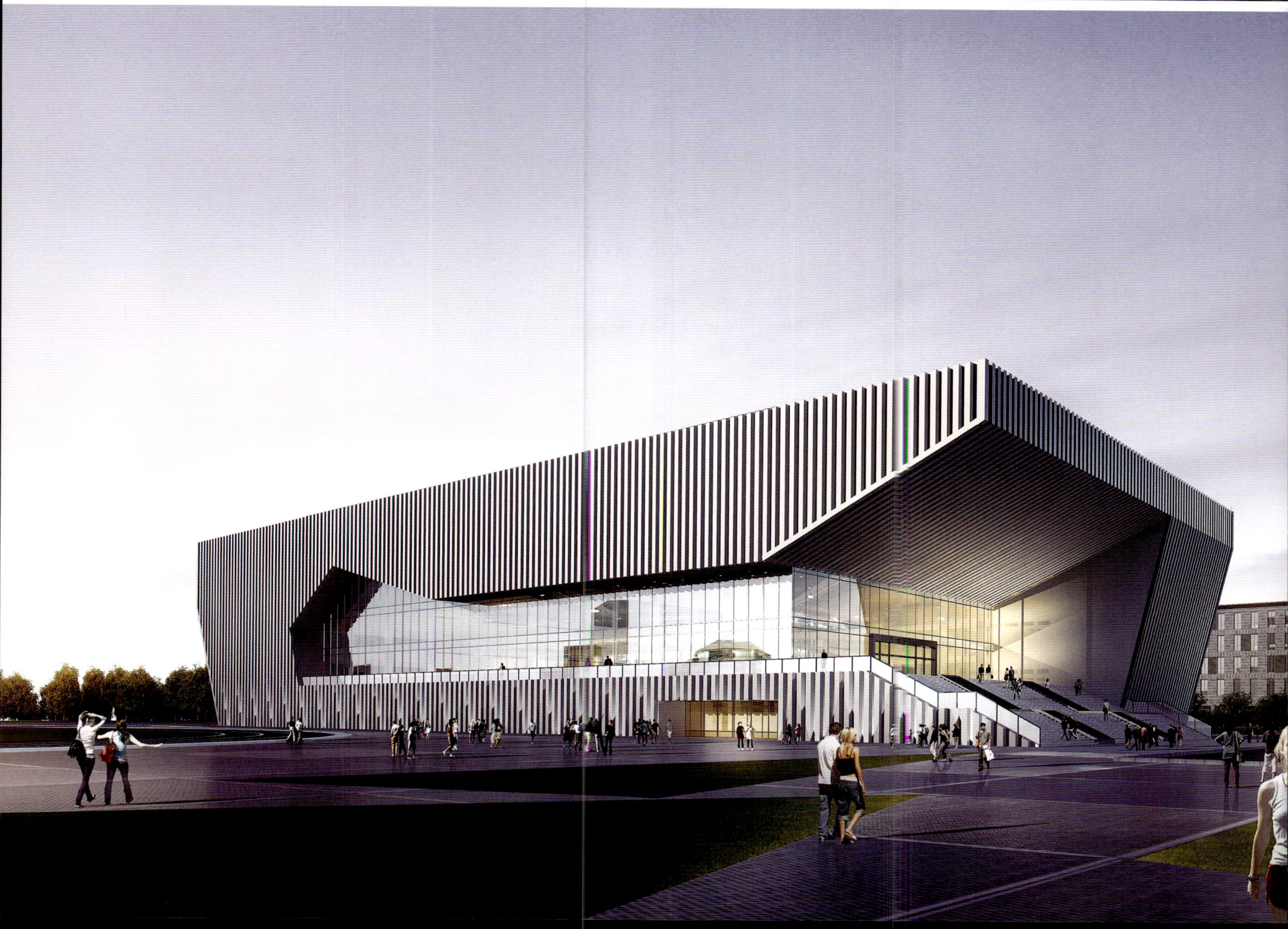

重大理工楼

绘图单位：重庆市无极动画科技有限公司

ANCIENT

TOWN

古建

1. 四川蓬安周子古镇
设计单位：大地建筑事务所（国际）重庆分公司
绘图单位：重庆市光影电脑设计制作有限公司

2. 管理用房
绘图单位：重庆市渝中区天力电驿设计有限责任公司

1

1

1

2

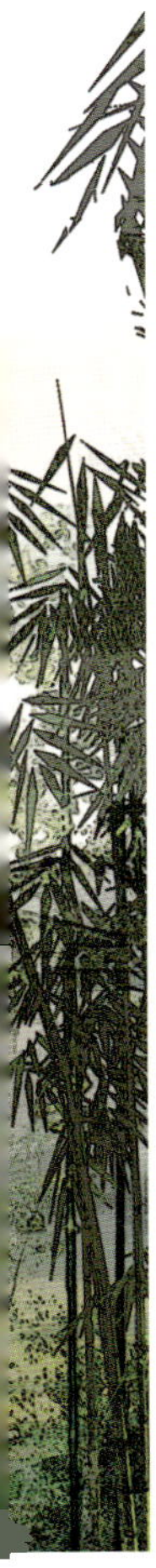

1. 龙山规划
设计单位：长沙市规划院
绘图单位：长沙市雨花区大涵装饰设计室

2. 中国书店
设计单位：北京 SYN 建筑社稷
绘图单位：映像社稷（北京）数字科技有限公司

1

2

1. 某项目
绘图单位：重庆市渝中区天力电脑设计有限责任公司

2. 四合院项目
设计单位：天津市大地天方建筑设计有限公司
绘图单位：天津天砚建筑设计咨询有限公司

3. 江南诗韵
绘图单位：宁波锦绣华绘图文有限公司

1

2

4. 水墨江南

设计单位：东方景深 +AUL Crea[illegible]e

绘图单位：苏州天地宸建筑环境设计咨询有限公司

3

4

都江堰

设计单位：上海 PRC 建筑咨询有限公司

绘图单位：上海瑞丝数字科技有限公司

中國風
茶

1. 八大山人
设计单位：上海构想
绘图单位：南昌艺构装饰设计有限公司

2. 都江堰玉堂
设计单位：上海 PRC 建筑咨询有限公司
绘图单位：上海瑞丝数字科技有限公司

3. 某项目
设计单位：日盛设计
绘图单位：日盛设计

1

2

枫林
3

1. 流芳公园
设计单位：上海现代规划建筑设计院
绘图单位：上海鼎盛建筑设计有限公司

2. 某四合院项目
绘图单位：北京回形针图像设计有限公司

1

2

3. 香山工坊

设计单位：东方景深 +AUL Creative

绘图单位：苏州天地宸建筑环境设计咨询有限公司

香山工坊
设计单位：东方景深 +AUL Creative
绘图单位：苏州天地宸建筑环境设计咨询有限公司

香山工坊

香山工坊

恩施清江新城规划

设计单位：武汉四维水晶石数码科技有限公司

绘图单位：武汉四维水晶石数码科技有限公司

酒

茶博园
设计单位：上海墨玫景观规划有限公司
绘图单位：上海创昊艺术设计有限公司

SUPER HIGHRISE OFFICE BUILDINGS

超高层办公

1. 武汉绿地
设计单位：上海水石国际
绘图单位：上海瑞丝数字科技有限公司

2. 某高层
设计单位：上海瑞丝数字科技有限公司
绘图单位：上海瑞丝数字科技有限公司

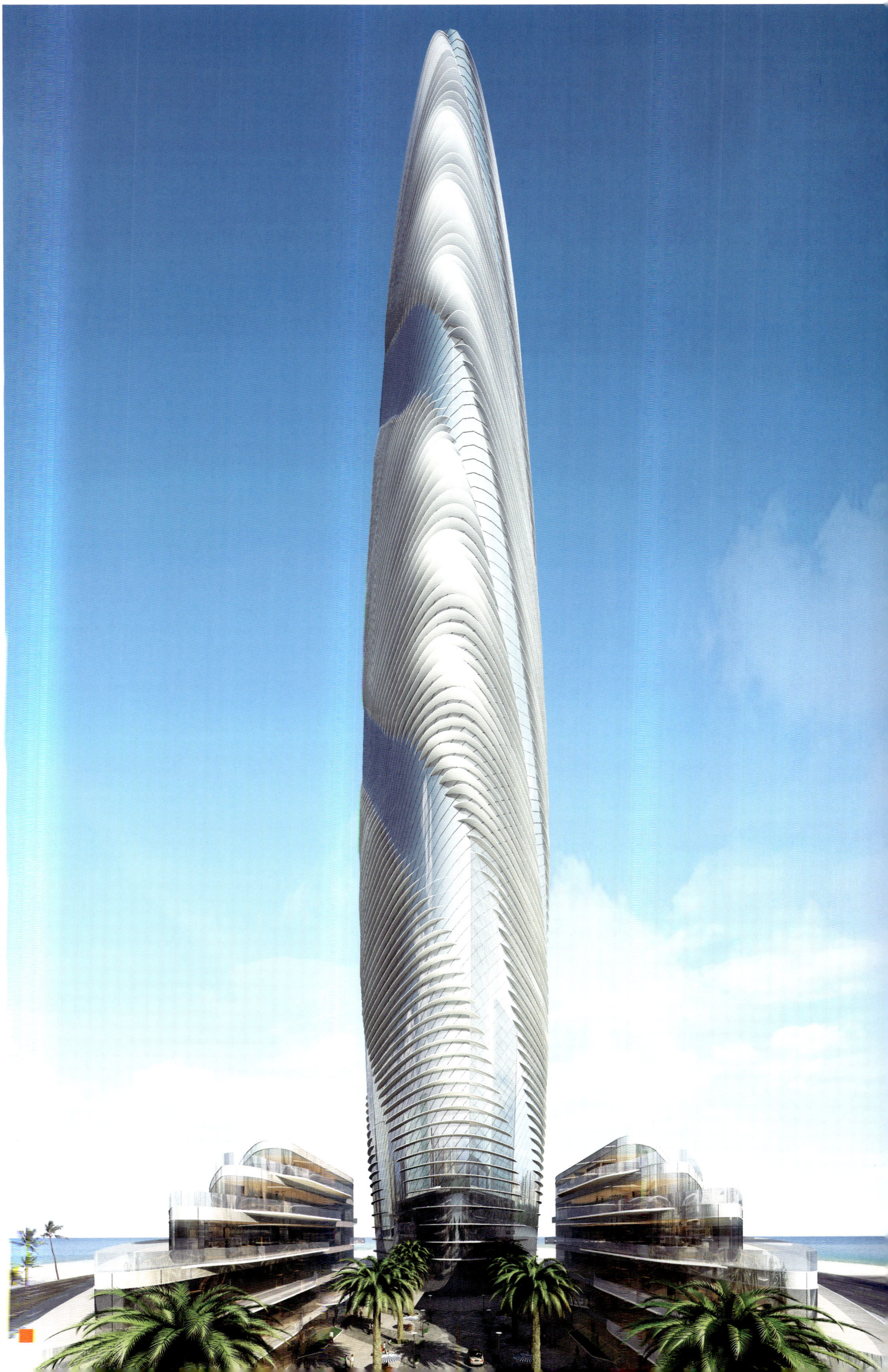

某高层
设计单位：上海瑞丝数字科技有限公司
绘图单位：上海瑞丝数字科技有限公司

1. 某高层
设计单位：上海瑞丝数字科技有限公司
绘图单位：上海瑞丝数字科技有限公司

2. 土耳其某项目
设计单位：上海浦东土地发展规划设计事务所有限公司
绘图单位：上海鼎盛建筑设计有限公司

1

2

1. 某场馆
绘图单位：全景（福建）计算机图形有限公司

2. 北部湾银行
绘图单位：广州市千水数码技术有限公司

1

2

1. 广州 ochirly 大厦
设计单位：AS
绘图单位：丝路数码技术有限公司

2. 哈尔滨长江路城市设计
设计单位：新松建筑设计研究院有限公司
绘图单位：北京回形针图像设计有限公司

1

2

1. 苏州新区新主城生活中心
设计单位：上海 UN+ 建筑设计
绘图单位：上海瑞丝数字科技有限公司

2. 某项目
设计单位：日盛设计
绘图单位：日盛设计

1

2

某报业大厦

绘图单位：上海桥智建筑设计有限公司

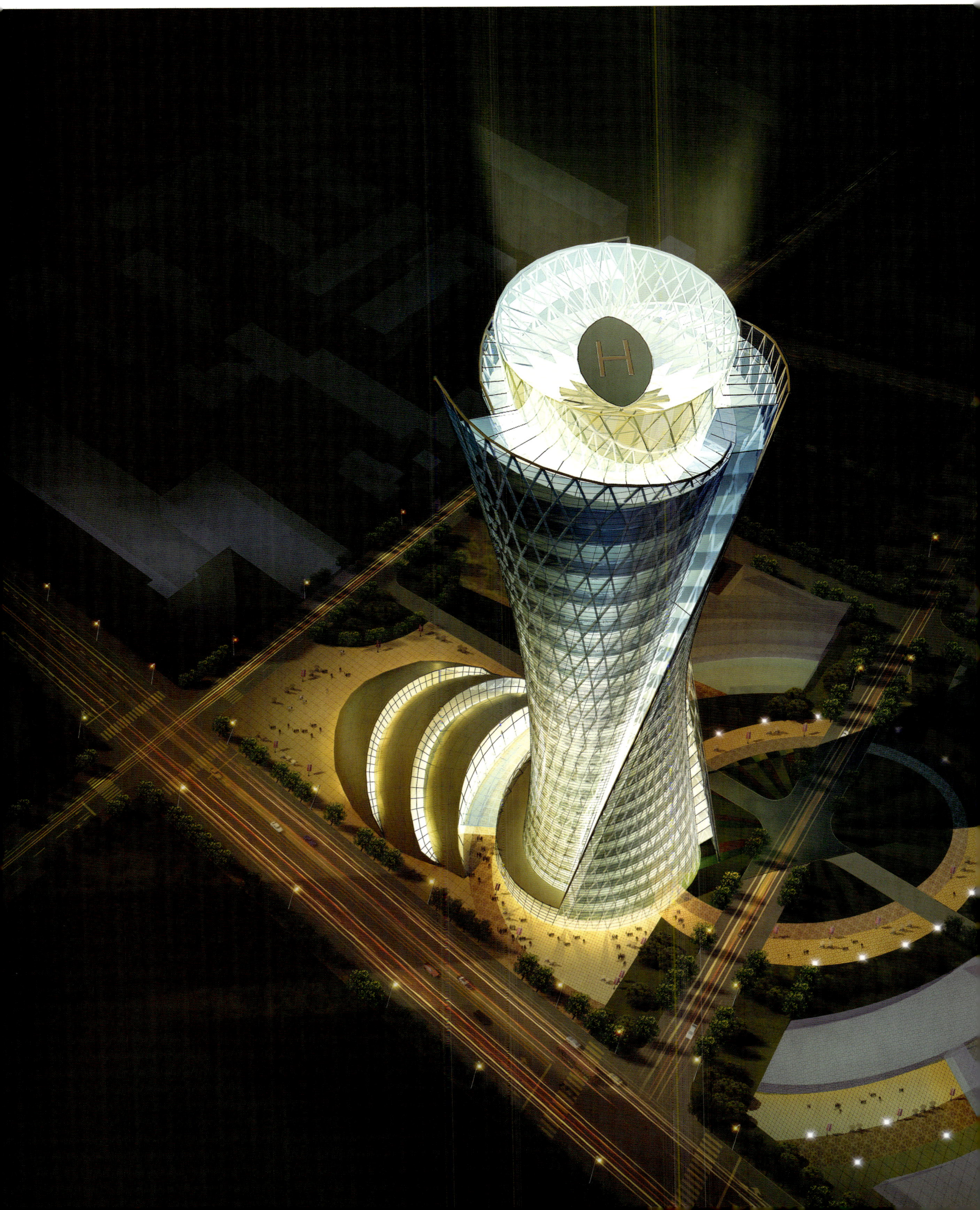

1. 某公建
绘图单位：广州市千水数码技术有限公司

2. HQtower
设计单位：liag
绘图单位：丝路数码技术有限公司

1

2

1. HQtower
设计单位：liag
绘图单位：丝路数码技术有限公司

2. 利通大厦
绘图单位：广州威影设计有限公司

3. 长春华强城市广场
设计单位：OUR（HK）设计事务所
绘图单位：深圳市长空永恒数字科技有限公司

1

2

2

3

3

1. 海口
设计单位：史伟高工程咨询（上海）有限公司
绘图单位：上海鼎盛建筑设计有限公司

2. 重庆大渡口
设计单位：珠海规划院深圳分院
绘图单位：深圳市千尺数字图像设计有限公司

1

2

海口项目

设计单位：深圳市承构建筑咨询有限公司

绘图单位：深圳市图腾广告有限公司

1. 五一路金融街
设计单位：上海水石国际
绘图单位：上海瑞丝数字科技有限公司

2. 力帆中心
绘图单位：重庆海侨文化传媒有限公司

1

2

2

2

1. 长沙某项目
设计单位：长沙市华银建筑设计院
绘图单位：长沙一川数字科技有限公司

2. 新乡某项目
设计单位：中科院建筑设计研究院有限公司河南分公司
绘图单位：河南灵度建筑景观设计咨询有限公司

1

S.T. Dupont
PARIS
LACOSTE

天津 CBD
设计单位：BIG
绘图单位：丝路数码技术有限公司

汉江新高层

绘图单位：东莞市莞城天海图文设计工作室

天津某公建
设计单位：天津兴华建筑设计所
绘图单位：天津一道数码科技有限公司

INTERNATIONAL BUSINESS CENTER

世纪城超高层项目

设计单位：中国联合工程公司

绘图单位：杭州博凡数码影像设计有限公司

IGH-RISE OFFICE BUILDINGS

高层办公

营口银行

设计单位：哈尔滨工业大学建筑设计研究院

绘图单位：日盛设计

1. 罗牛山建筑
设计单位：香港华艺建筑设计
绘图单位：深圳市水木数码影像科技有限公司

2. 南浔项目
设计单位：上海现代都市院
绘图单位：上海瑞丝数字科技有限公司

1

3. 能源大厦

设计单位：北京克劳贝恩城市规划设计公司

绘图单位：北京忆晶哲图文设计有限公司

2

3

1. 能源大厦
设计单位：北京克劳贝恩城市规划设计公司
绘图单位：北京忆晶哲图文设计有限公司

2. 某办公楼方案
设计单位：陕西省建科院
绘图单位：西安鼎凡数字科技有限公司

2

1. 美国公建
绘图单位：杭州天朗数码影像设计有限公司

2. 三角洲总部基地
设计单位：上海伯致设计有限公司
绘图单位：上海艺筑图文设计有限公司

2

1. 旧房改造
设计单位：上海米川建筑设计事务所
绘图单位：上海瑞丝数字科技有限公司

2. 腾讯大楼
设计单位：上海栖城
绘图单位：上海瑞丝数字科技有限公司

1

RISING

深圳清华研究生院竞赛

设计单位：OPEN

绘图单位：丝路数码技术有限公司

广州白云新城

设计单位：上海水石国际

绘图单位：上海瑞丝数字科技有限公司

GUCCI
Louis Vuillton
Louis Vuillton
Dior

1. 沙河西路
设计单位：深圳西北院
绘图单位：深圳市水木数码影像科技有限公司

2. 宁波鄞州区办公商业楼
设计师：毛静华
绘图单位：宁波江东屹欧博图文设计有限公司

1

1. 纳爱斯集团
设计单位：海天建筑
绘图单位：上海谷地建筑设计咨询有限公司

2. 厦门高层
设计单位：上海水石国际
绘图单位：上海瑞丝数字科技有限公司

1

2

1. 西安水晶 SOHO
设计单位：M.A.O
绘图单位：丝路数码技术有限公司

2. 苏州盈创公司总部
设计单位：上海米丈建筑设计有限公司
绘图单位：杭州博凡数码影像设计有限公司

3. 某公建 1
绘图单位：广州市千水数码技术有限公司

1

2

3

4

4

1. 南京圣迪奥
设计单位：清华院
绘图单位：丝路数码技术有限公司

2. 兴龙研发中心
设计单位：香港华艺建筑设计
绘图单位：深圳市水木数码影像科技有限公司

1

1

2

武汉融众金融中心概念方案
设计单位：OUR（HK）设计事务所
绘图单位：深圳市长空永恒数字科技有限公司

VERSACE

1. 某办公大楼
绘图单位：重庆筑典图文设计有限公司

2. 嘉兴交通局大楼
设计单位：宏正建筑设计院
绘图单位：杭州景尚科技有限公司

3. 某项目 1
设计单位：日盛设计
绘图单位：日盛设计

1

2

2

4. 某项目 2
设计单位：日盛设计
绘图单位：日盛设计

1. 798 楼
设计单位：宗灏建筑设计
绘图单位：深圳市水木数码影像科技有限公司

2. 后河 A10 地块
设计单位：省建工院
绘图单位：广州威影设计有限公司

1

1

1

2

1

1

海口项目
设计单位：深圳市承构建筑咨询有限公司
绘图单位：深圳市图腾广告有限公司

1. 汽车城
设计单位：上海米川建筑设计事务所
绘图单位：上海瑞丝数字科技有限公司

2. 益阳某办公楼
设计单位：中机国际工程设计研究院有限责任公司
绘图单位：长沙原野之星图像设计工作室

1

Mercedes Benz
BMW
1

Mercedes Benz
Citroen
1

2

1. 北京华园
设计单位：上海 PRC 建筑咨询有限公司
绘图单位：上海瑞丝数字科技有限公司

2. 华园办公楼
设计单位：上海 PRC 建筑咨询有限公司
绘图单位：上海瑞丝数字科技有限公司

3. 某项目
绘图单位：丝路数码技术有限公司

4. 报业大厦
绘图单位：重庆市渝中区天力电脑设计有限责任公司

5. 济南商业 6 号地块
设计单位：上海林同炎李国豪土建工程咨询有限公司
绘图单位：上海非思建筑设计有限公司

5

5

南京某办公楼
设计单位：南京市建筑设计研究院
绘图单位：西安鼎凡数字科技有限公司

MULTI-STORY OFFICE BUILDINGS

多层办公

四川蓝光
设计单位：上海柏涛（PTA）
绘图单位：上海谷地建筑设计咨询有限公司

电信基地

设计单位：广州市申派设计咨询有限公司

绘图单位：广州千筑数码科技有限公司

1. 某项目 1
绘图单位：广州市千水数码技术有限公司

2. 某项目 2
绘图单位：广州市千水数码技术有限公司

3. 某烟草办公楼
绘图单位：重庆筑典图文设计有限公司

1

2

4. 紫贝文化创意港

设计单位：英国杰佛仕发展及城市设计有限公司

绘图单位：上海鼎盛建筑设计有限公司

1. 闵行七宝办公楼
设计单位：天华二所
绘图单位：上海翰境数码科技有限公司

2. 多功能办公楼
设计单位：移动设计院
绘图单位：日盛设计

1

2

3. 城市苗圃项目
设计单位：杭州全景建筑咨询有限公司
绘图单位：杭州博凡数码影像设计有限公司

4. 成都腾讯大楼
设计单位：上海栖城
绘图单位：上海瑞丝数字科技有限公司

4

1. 某办公楼方案
设计单位：中国航天建设集团有限公司
绘图单位：北京回形针图像设计有限公司

2. 兴城部长楼
绘图单位：沈阳水晶立方设计有限公司

1

1

1. 某公建
绘图单位：重庆海侨文化传媒有限公司

2. 某项目
绘图单位：全景（福建）计算机图形有限公司

1

1

1

3. 开元

设计单位：中国建筑技术集团有限公司苏州设计院

绘图单位：上海鼎盛建筑设计有限公司

2

3

无锡电力系统某大楼方案
设计单位：无锡城归设计有限责任公司
绘图单位：无锡市子矛图文设计工作室

1. 海特
设计单位：天津市亚库建源建筑规划设计有限公司
绘图单位：天津瀚梵文化传播有限公司

2. 鹰潭审计局培训中心
设计单位：东南大学建筑设计研究院深圳分院
绘图单位：深圳市宜百利艺术设计有限公司

1

1

1

1

3. 徐州人才市场
设计单位：东南大学建筑设计研究院深圳分院
绘图单位：深圳市宜百利艺术设计有限公司

2

3

某场馆

绘图单位：全景（福建）计算机图形有限公司

MEDIUM HEIGHT

BUILDINGS

小高层办公

1. 办公楼
设计单位：景森工程设计
绘图单位：广州威影设计有限公司

2. 顺义街道办事处
绘图单位：丝路数码技术有限公司

1

1

2

2

2

1. 飞亚达
设计单位：深圳市水木清建筑设计事务所
绘图单位：深圳市图腾广告有限公司

2. 光大银行
设计单位：天津建筑设计院
绘图单位：天津瀚梵文化传播有限公司

1

1

3. 解放南路项目
设计单位：天津大学
绘图单位：天津天唐筑景建筑设计咨询有限公司

2

3

3

长水街道
设计单位：宏正建筑设计院
绘图单位：杭州景尚科技有限公司

西溪天地
设计单位：浙江通和建筑设计有限公司
绘图单位：杭州博凡数码影像设计有限公司

PROFESSIONAL

OFFICE

专业办公

长沙机场
设计单位：广东省建筑设计研究院
绘图单位：广州千筑数码科技有限公司

1. 长沙机场
设计单位：广东省建筑设计研究院
绘图单位：广州千筑数码科技有限公司

2. 潮山机场
设计单位：广东省建筑设计研究院
绘图单位：广州千筑数码科技有限公司

1

2

3. 某机场
设计单位：哈尔滨二业大学建筑学院
绘图单位：哈尔滨一方伟业文化传播有限公司

佛山火车站
设计单位：深圳市博艺建筑工程设计有限公司
绘图单位：深圳市朗形数码影像传播有限公司

TGV

珠海横琴二线口岸

设计单位：深圳东北建筑设计院

绘图单位：深圳市原创力数码影像设计有限公司

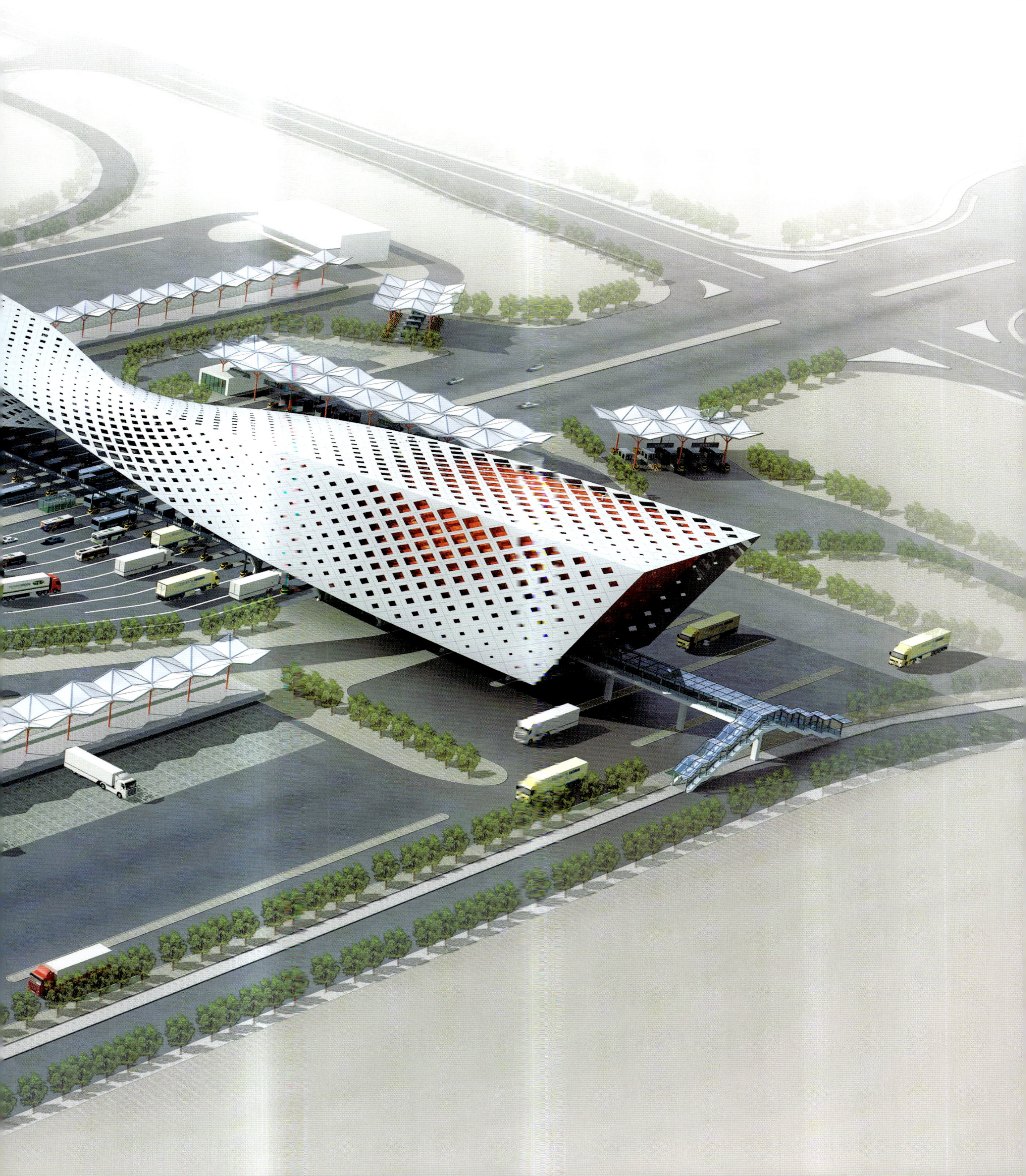

珠海横琴二线口岸
设计单位：深圳东北建筑设计院
绘图单位：深圳市原创力数码影像设计有限公司

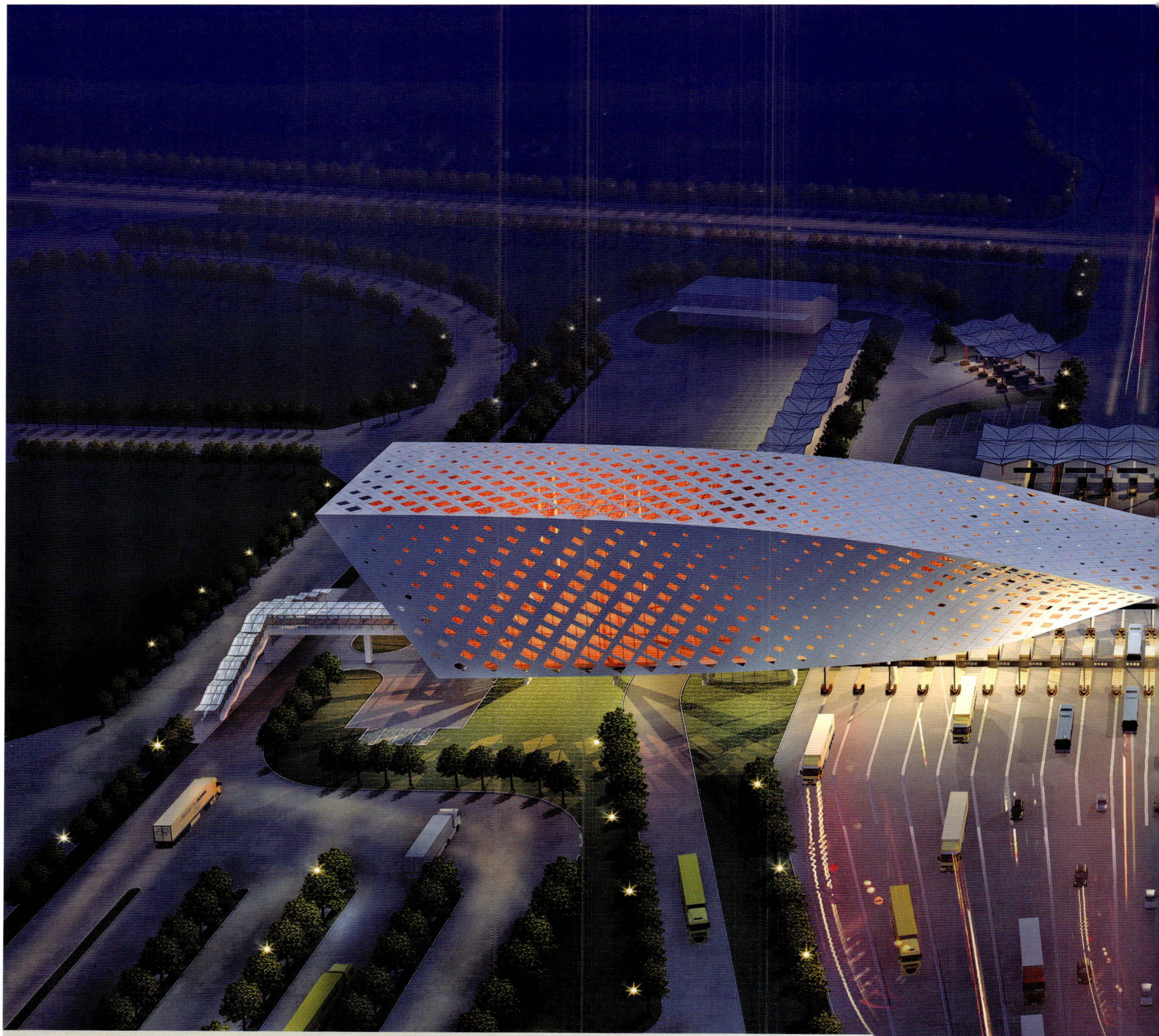

1. 台北地铁站
设计单位：MAD
绘图单位：丝路数码技术有限公司

2. 杭州火车东站入口
设计单位：德包豪斯建筑规划设计（杭州）有限公司
绘图单位：杭州博凡数码影像设计有限公司

3. 重庆机场设计方案
设计单位：上海弈方建筑设计有限公司
绘图单位：上海写意数字图像有限公司

1

2

4. 重庆大学城轨交站
设计单位：重庆新城开发
绘图单位：上海谷池建筑设计咨询有限公司

3

4

1. 某客运中心
设计单位：天辰设计院
绘图单位：日盛设计

2. 辽宁联通
设计单位：都市元素（北京）国际建筑设计有限公司
绘图单位：北京回形针图像设计有限公司

1

2

3

德微软件
设计单位：上海济景建筑设计有限公司
绘图单位：上海艺筑图文设计有限公司

1. 德微软件
设计单位：上海济景建筑设计有限公司
绘图单位：上海艺筑图文设计有限公司

2. 七星艺术工坊设计方案
设计单位：ASTP 英国都市规划设计机构
绘图单位：上海写意数字图像有限公司

1

1

1

1

2

1. 中国归谷
设计单位：CPC
绘图单位：上海曼延数字科技有限公司

2. 明月湾
设计单位：威海东方建筑设计公司
绘图单位：宁波锦绣华绘图文有限公司

1

1

1

2

1. 三宝科技园区规划
设计单位：南京鼎辰建筑设计有限公司
绘图单位：西安鼎凡数字科技有限公司

2 长兴 Tuying 规划
设计单位：德包豪斯建筑规划设计（杭州）有限公司
绘图单位：杭州博凡数码影像设计有限公司

1

2

3. 银湖科创园

设计单位：中国联合工程公司

绘图单位：杭州博凡数码影象设计有限公司

3

1. 白家海某厂区规划
设计单位：中煤科工集团南京设计研究院
绘图单位：西安鼎凡数字科技有限公司

2. 中投国际科技创新基地
设计单位：北京华咨工程设计公司
绘图单位：北京回形针图像设计有限公司

1

2

2

上海烟厂项目投标方案
设计单位：机械工业第六设计研究院
绘图单位：河南灵度建筑景观设计咨询有限公司

上海烟厂项目投标方案
设计单位：机械工业第六设计研究院
绘图单位：河南灵度建筑景观设计咨询有限公司

1. 上海烟厂项目投标方案
设计单位：机械工业第六设计研究院
绘图单位：河南灵度建筑景观设计咨询有限公司

2. 平湖电力园
设计单位：宏正建筑设计院
绘图单位：杭州景尚科技有限公司

1

1

1

2

2

平湖电力园

设计单位：宏正建筑设计院

绘图单位：杭州景尚科技有限公司

1. 宁波江东北路创意园
设计单位：宁波概念源
绘图单位：宁波江东屹欧博图文设计有限公司

2. 和丰创意园区
设计单位：宁波概念源
绘图单位：宁波江东屹欧博图文设计有限公司

3. 廊坊云计算
设计单位：北京 SYN 建筑社稷
绘图单位：映像社稷（北京）数字科技有限公司

1

2

2

4. 民生路改造
设计单位：上海思纳史密斯建筑设计咨询有限公司
绘图单位：上海鼎盛建筑设计有限公司

5. 宁波鄞州区垃圾处理场
设计单位：TOP 国际事务所[illegible]方伟
绘图单位：江东屹欧博图文[illegible]有限公司

3

3

4

5

1. 民生路改造
设计单位：上海思纳史密斯建筑设计咨询有限公司
绘图单位：上海鼎盛建筑设计有限公司

2. 科技园办公大楼
设计单位：上海高辰建筑设计有限公司
绘图单位：上海桥智建筑设计有限公司

1

1

1

2

2

1. 福州红坊创意园
设计单位：上海水石国际
绘图单位：上海瑞丝数字科技有限公司

2. 宁海县模具城工贸区一期工程
设计单位：上海现代都市院
绘图单位：上海瑞丝数字科技有限公司

1

2

莘庄 EVONIK 研发中心

设计单位：上海米川建筑设计事务所

绘图单位：上海瑞丝数字科技有限公司

杭州天安产业园
设计单位：上海水石国际
绘图单位：上海瑞丝数字科技有限公司

ADMINISTRATIVE

OFFICE

行政办公

某法院
设计单位：哈尔滨工业大学建筑学院
绘图单位：哈尔滨一方伟业文化传播有限公司

1. 政府办公楼
绘图单位：重庆海侨文化传媒有限公司

3. 某气象局地块规划
设计单位：南京市建筑设计研究院
绘图单位：西安鼎凡数字科技有限公司

1

1

2

1. 南浔税务局
设计单位：上海现代都市院
绘图单位：上海瑞丝数字科技有限公司

2. 武陟木栾新区城市设计
设计单位：泛华建设集团有限公司河南设计分公司
绘图单位：河南灵度建筑景观设计咨询有限公司

3. 政府办公楼
设计单位：哈工大
绘图单位：日盛设计

1

2

4. 某法院

绘图单位：天津天砚建筑设计咨询有限公司

5. 韶关行政规划

设计单位：北京 SYN 建筑社稷

绘图单位：映像社稷（北京）数字科技有限公司

4

5

宁波报业集团办公楼

设计单位：北京 SYN 建筑社稷

绘图单位：映像社稷（北京）数字科技有限公司

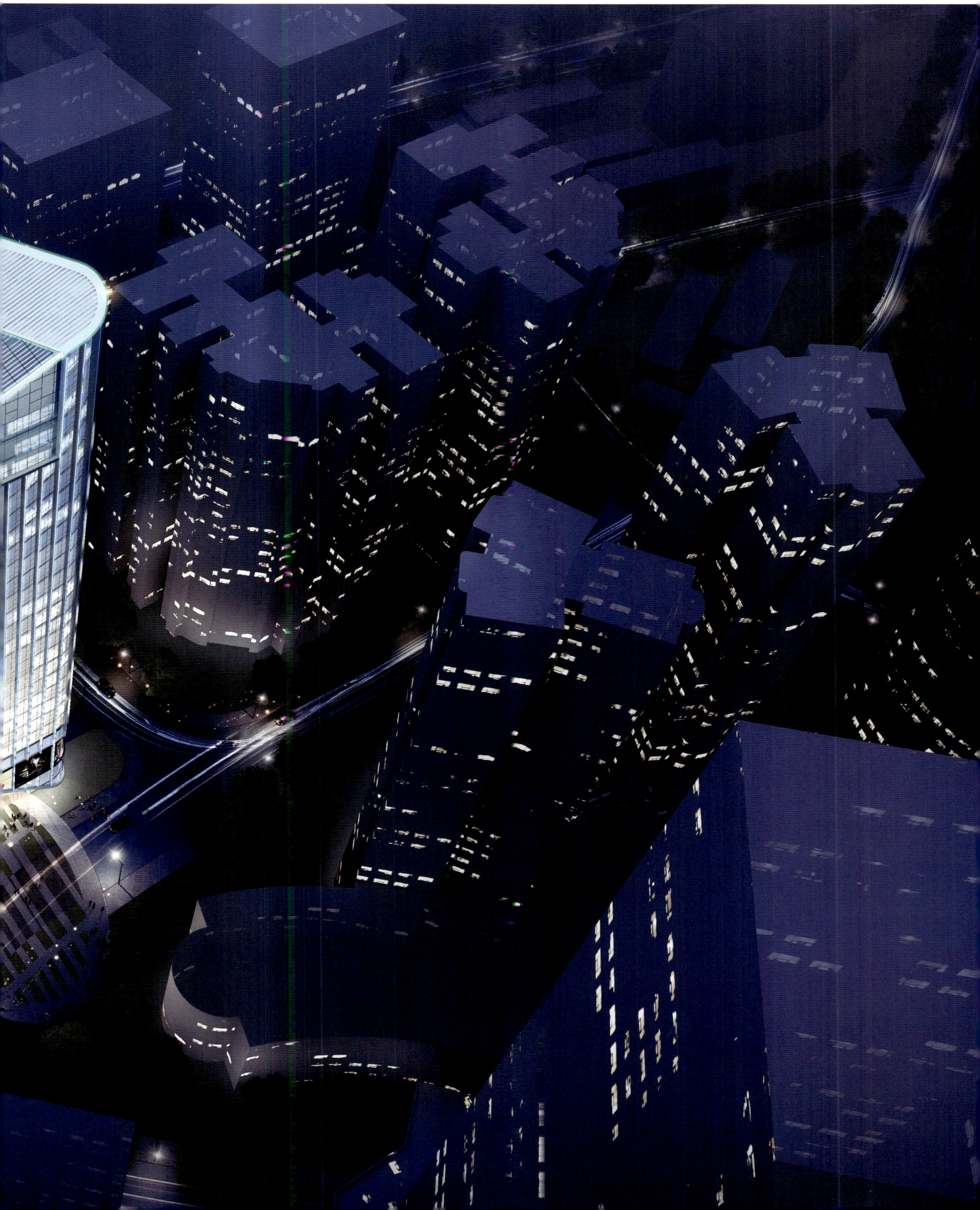

宁波报业集团办公楼

设计单位：北京 SYN 建筑社稷

绘图单位：映像社稷（北京）数字科技有限公司

1. 宁波报业集团办公楼
设计单位：北京 SYN 建筑社稷
绘图单位：映像社稷（北京）数字科技有限公司

2. 气象局
绘图单位：沈阳水晶立方设计有限公司

1

2

2

湖南日报

设计师：何学山

绘图单位：上海赫智建筑设计有限公司

BOFAN

BOFAN DESIGN AND EXPRESSION

博凡建筑表现

杭州博凡数码影像设计有限公司于2004年成立。成立以来，博凡一直关注行业发展趋势，以一个学习者的姿态学习国内外优秀建筑表现作品，不断进步，提高自身对建筑美学的艺术素养。经过长时间的基础学习，现已拥有一支专业的制作队伍。几年来，我们在工作中注重细节，更人性化服务，已赢得国际、国内众多家设计单位的信赖和好评。在设计表现中，我们擅长融合东西方的不同文化层次，结合古典与现代的设计元素，开拓更高的国际视野，坚信专业成就品质。博凡坚持“规范化、专业化”的发展道路，立志打造建筑多元化表现行业的优秀品牌。我们以最大的热情，热诚为委托单位做好优质服务。

The company “Bofan Design and Expression” was established in 2004. Since it was established, “Bofan” always payed closed attention to the trend of the business development. The business improved continuously by a severe study of the most outstanding performances of national and international works of architecture and by improving its artistic outfit for aesthetics of architecture. After many years of basic studies, nowadays the business is formed by a professional manufacturing team. We are very meticulous and our service is personalized. In this last years we have acquired a very good worldwide reputation and the confidence of many different national and international design enterprises. In our design we manage to harmonize east and west culture and antique and modern design elements. On this way we open our international field of vision. We firmly believe in the professional quality of our achievements. “Bofan” perseveres in a “standard and professional” way of expanding. We believe also in an expansion of excellent brands of a big variety of outstanding architecture industry. We give our best to offer our best quality and service.

图书在版编目（CIP）数据

建筑表现牛皮书. 第2辑. 文化、办公 / 凤凰空间·上海编. -- 南京 : 江苏人民出版社, 2012 12
ISBN 978-7-214-08773-7

Ⅰ. ①建… Ⅱ. ①凤… Ⅲ. ①文化建筑－建筑设计－作品集－中国－现代②办公建筑－建筑设计－作品集－中国－现代 Ⅳ. ①TU206

中国版本图书馆CIP数据核字(2012)第220220号

建筑表现牛皮书Ⅱ——文化&办公

凤凰空间·上海 编

策划编辑：潘 华 冯 林
责任编辑：刘 焱 潘 华
责任监印：彭李君
出版发行：凤凰出版传媒集团
凤凰出版传媒股份有限公司
江苏人民出版社
天津凤凰空间文化传媒有限公司
销售电话：022-87893668
网 址：http://www.ifengspace.com
集团地址：凤凰出版传媒集团（南京湖南路1号A楼 邮编：210009）
经 销：全国新华书店
印 刷：深圳当纳利印刷有限公司
开 本：1016毫米×1420毫米 1/16
印 张：18
字 数：144千字
版 次：2012年12月第1版
印 次：2012年12月第1次印刷
书 号：ISBN 978-7-214-08773-7
定 价：298.00元